创意数学：我的数学拓展思维训练书

# MATH APPEAL

大自然中的数学

[美]格雷戈·唐◎著　[美]哈利·布里格斯◎绘

小杨老师◎译

哈尔滨出版社
HARBIN PUBLISHING HOUSE

# 作者手记

　　培养学习热情的最佳方式是什么呢？当我们教孩子阅读时，会与他们分享丰富多彩的绘本，里面装满了令人兴奋的故事。当我们教孩子科学时，会通过生动的实验去激发孩子的好奇心。那么，有没有一种方式同样吸引孩子去学习数学呢？

　　答案是肯定的。我坚信只要正确使用语言和艺术这两大法宝，会让孩子在数学学习中受益匪浅。文字和图片能够高效地传递分析推理的过程，培养洞察力，同时也能将数学和孩子感兴趣的事物，如自然、科学、艺术和寓言联系在一起。

　　本书适合 7～10 岁的读者。我想通过本书和同系列的其他书，将数学运算和实际的数学问题结合在一起，让孩子觉得更具挑战性和趣味性。

　　本书将图片与童谣结合，以激励孩子的思维更灵敏、更创新。我在此提供了四个解决数学问题的重要方式：跳出思维定式，学会战略性思考；学会灵活思考，利用减法计算和；学会简化步骤，寻找计算中的模式和对称性；鼓励孩子用不同的方式去解决问题，并自己决定选择哪种方式更有效果。

　　我为孩子写下这些书，是希望帮他们打下良好的数学基础，激发他们对数学学习持久的热爱，向他们直接清晰地展现常识性思维的魅力，帮他们树立学数学的信心。

　　最后，我希望这是一本有趣且有所启发的书，一本您愿意和孩子分享的书。祝你们阅读愉快！

*Greg Tang*

格雷戈·唐

致给我带来灵感的凯蒂
——格雷戈·唐

致我的父亲詹姆斯·布里格斯
——哈利·布里格斯

# 正方形法则

我的风筝正高飞，
突然落到大树上！

困在树上不能动，
而我忙着数正方形。

风筝上一共有多少个正方形呢？
最好斜着数完再相加哦！

# 豌豆派对

独自待在豆荚太奇怪，
豌豆粒喜欢一起玩儿，

呼朋唤友开派对，
欢乐时光永不停！

你能数数一共有多少颗豌豆粒吗？
11 个一组再相加真是小菜一碟！

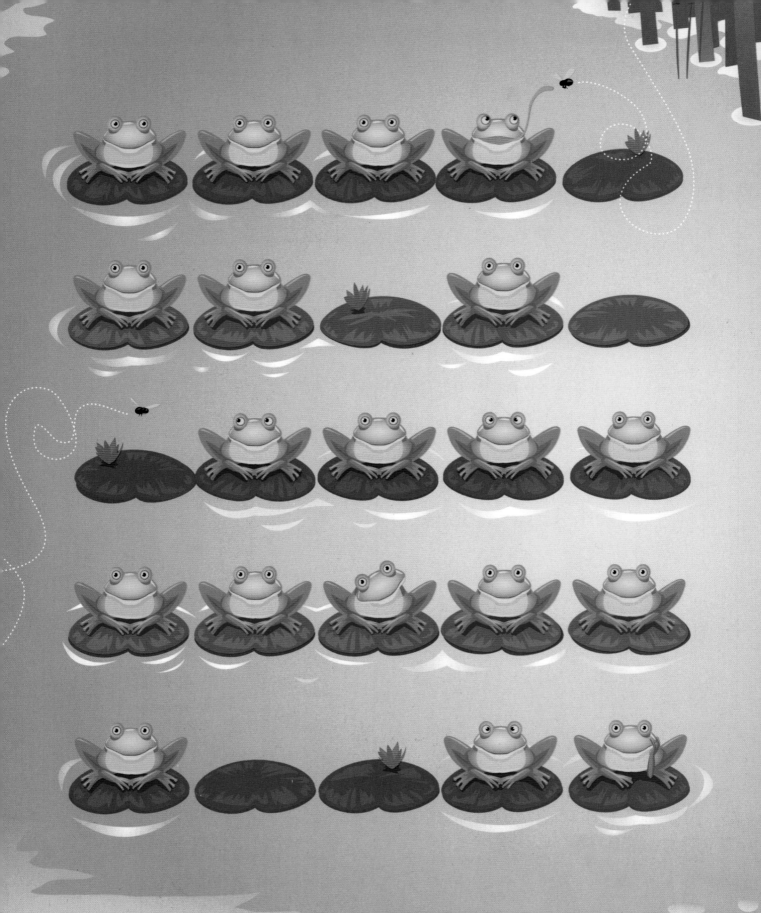

# 青蛙不见了

池塘点名时间到，
数数青蛙多少只。

有的安静端坐着，
有的在水里游泳！

告诉你个小提示，
不要错过任何一片睡莲叶哟！

# 红辣椒绿辣椒

辣椒们睡了个长长的午觉，
醒来一起出门去庆祝节日。

中午适合来犯懒，
夜晚适合去狂欢！

小镇有多少个辣椒？
可别多数或漏数！

找出一个正方形，
再把剩下的加起来，
答案马上就出来啦！

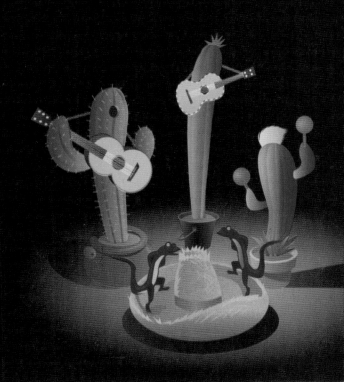

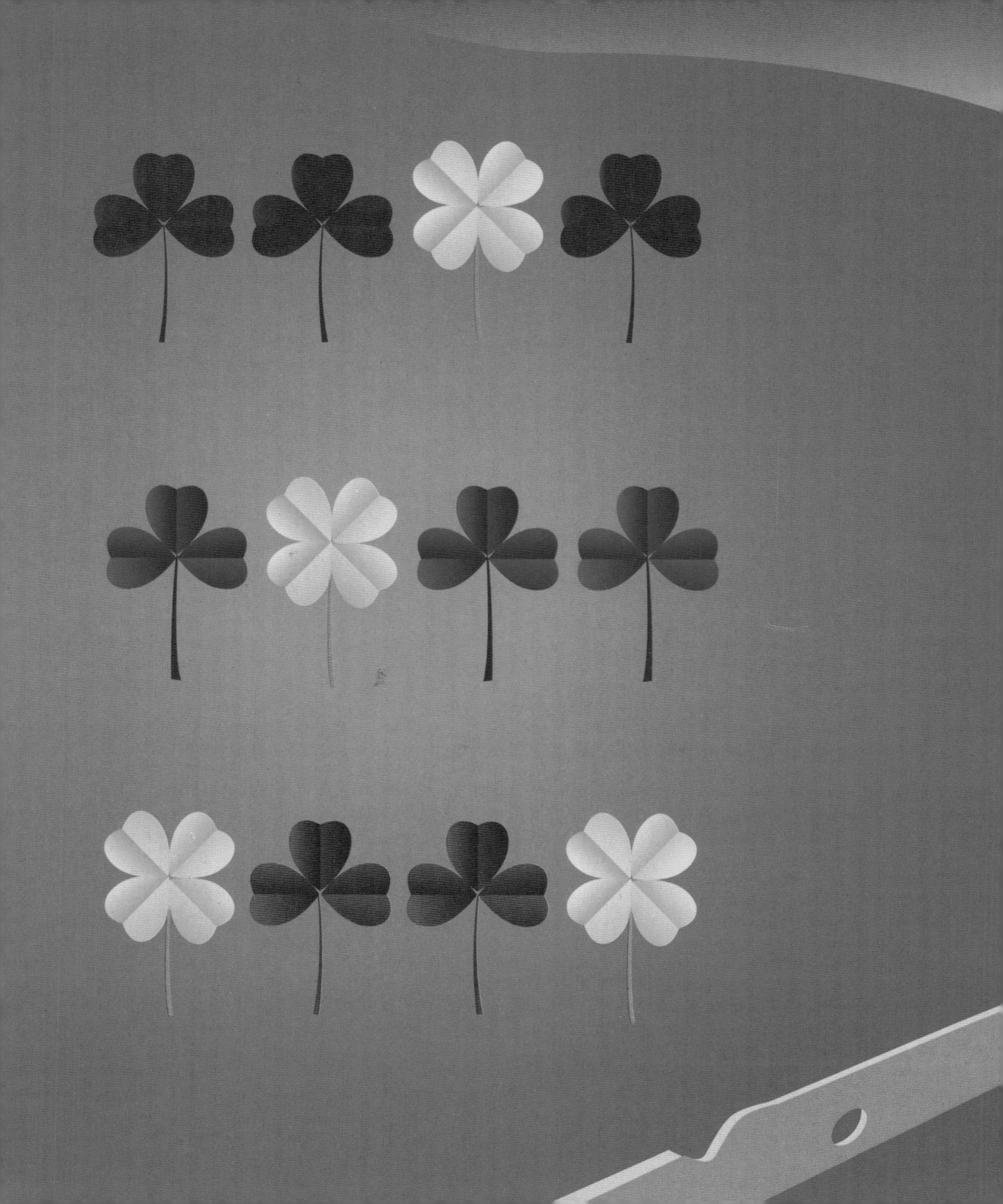

# 幸运草

一片青青绿草间，
偶遇一丛车轴草。

叶子三片或四片，
数数一共多少片。

不要一行一行数，
一列一列数数看！

# 神奇的字母

秋季天空大雁飞，
成群结队好热闹。

它们从不任意行，
特意排成字母 V。

你能看到多少只大雁呢？
试着 15 只一组来计算！

今日飞行表演

# 石头上的星星

小小海星找食物，
稳稳吸附岩石底，

海洋深处不见光。
数数共有多少只。

不要一只一只数，
试试减法算更快！

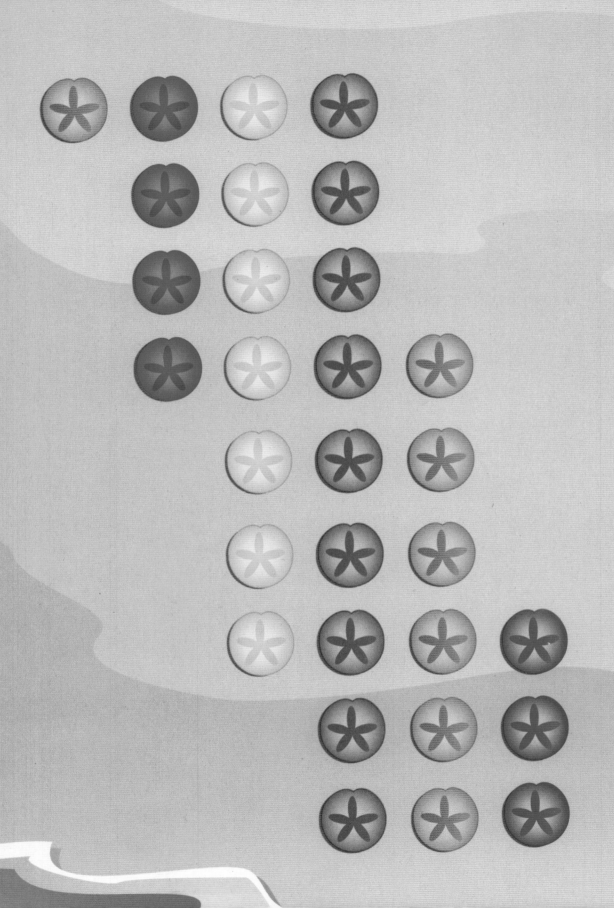

# 房屋出售

要想买座大沙堡，
需要沙子做钱币。

沙滩资源多丰富，
只要四处勤寻觅。

一共有多少枚钱币呢？
快点数一数，
天气越来越热啦。

试着 10 枚分一组，
你会找到规律的！

# 水珠中的数学

天气阴暗且潮湿，
一场大雨就要来。

绵绵乌云消散后，
彩虹挂在薄雾中。

试着用一种新方法，
数数有多少滴水珠。

按着彩虹的颜色数，
比一列列数更简单！

# 候场的瓢虫

先生女士请上前，
加入我们的舞会。

向你的舞伴鞠个躬，
数数有多少个小圆点。

有一个方法能帮你快速得到答案，
试试将瓢虫两两分组数数看！

# 海马快跑

我们快点来捕食，
这些游动的动物。

想要抓住它们太难，
逃跑速度堪比闪电。

大海里有多少只海马呢？
想个聪明的方法来计算。

不要一个一个数，
先加后减更简单！

# 花衣裳

为了展示最美的一面，
花儿总是精心装扮自己。

当周围还是一片绿油油时，
它们已经成了靓丽的风景。

你能看到几片花瓣呢？
试着想想对称性。

不要一片一片数，
找出规律来加倍！

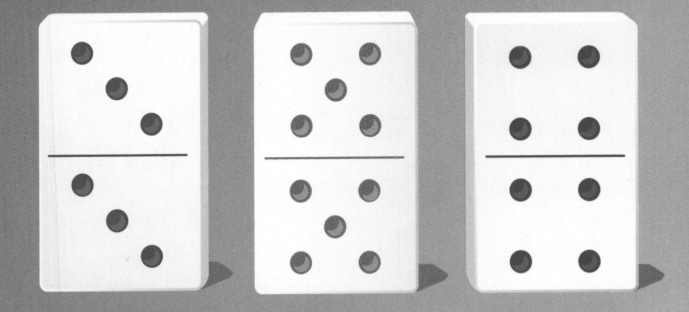

# 多米诺骨牌

多米诺骨牌笔直站着，
随时准备被人推倒。

只要轻轻推一下，
就会刚好倒在后牌身上！

你能数数多米诺骨牌上有多少圆点吗?
试着沿水平线分组数一数再相加。

# 牛顿的苹果

当牛顿坐在这棵树下时，
他还不知道地球有引力。

直到一个鲜红的苹果掉下来，
刚好砸在了他的脑袋上！

你看到了多少个苹果呢？
有一个聪明的方法来计算。

如果你想数得快，
试着首尾凑一组！

# 甜蜜的蜂巢

蜂巢也叫蜂窝，
是蜜蜂们的家！

它们把甜甜黏黏的蜂蜜，
整整齐齐地储藏在小小的房间里。

你可以数一数有多少空房间吗?
有一个办法可以帮到你。

先两行一组加在一起，
然后减去蜜蜂的数量，
就能得到答案啦！

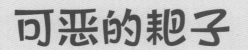

# 可恶的耙子

蛤蜊们正安静地睡觉，
一把耙子慢慢逼近。

蛤蜊们察觉有危险，
三三两两被惊醒。

有多少个蛤蜊睁着眼？
移动一些蛤蜊补空缺，
你会发现一个规律哦。

# 参考答案

## 正方形法则

与其一行一行地数，不如沿着斜线数。你会看到 5 组正方形，每一组有 5 个，所以一共是 25 个正方形。

$5 + 5 + 5 + 5 + 5 = 25$

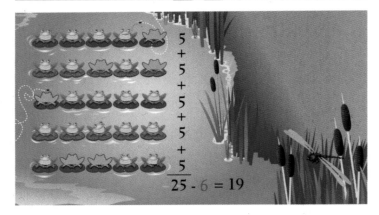

## 豌豆派对

如果可能，试着将豌豆荚两两分成一组，每组有相同数量的豌豆粒。这样可以划分成 4 组，每一组有 11 颗豌豆粒，一共有 44 颗豌豆粒。

$11 + 11 + 11 + 11 = 44$

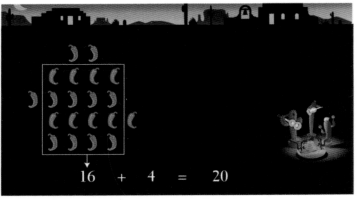

## 青蛙不见了

先假设 6 片空的睡莲叶上都有青蛙，一共有 5 行，每行 5 只，所以一共是 25 只。最后减掉假设存在的 6 只青蛙，剩下 19 只青蛙。

$25 - 6 = 19$

## 红辣椒绿辣椒

4 个辣椒一行，4 行组成一个正方形。正方形里一共有 16 个辣椒，然后加上正方形外的 4 个辣椒，一共有 20 个辣椒。

$16 + 4 = 20$

## 幸运草

不要一行一行地数，而是一列一列地去数。你会发现每一列都有 10 片叶子，所以一共有 40 片叶子。

$$10 + 10 + 10 + 10 = 40$$

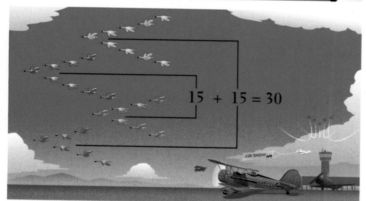

## 神奇的字母

如果可能，试着将大雁先分成容易计算的数字再相加。在这里，大雁可以被划分成两组，每组 15 只，所以一共有 30 只大雁。

$$15 + 15 = 30$$

## 石头上的星星

首先假设 6 只不存在的海星实际存在，这样就有 6 行海星，每行有 6 只，一共有 36 只。接着减掉不存在的 6 只海星，你会发现实际有 30 只海星。

$$36 - 6 = 30$$

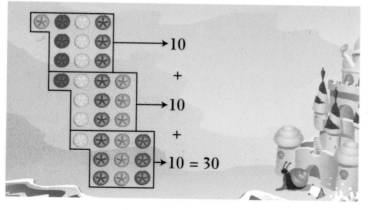

## 房屋出售

前三行沙子钱币的数量正好是 10 枚。这个规律在下面重复出现了两次，所以一共有 30 枚沙子钱币。

$$10 + 10 + 10 = 30$$

## 水珠中的数学

你可以看见彩虹的每种颜色中都有5滴水珠，彩虹有7种颜色，所以一共有35滴水珠。

$5 + 5 + 5 + 5 + 5 + 5 + 5 = 35$

## 候场的瓢虫

如果可能，将瓢虫壳上的数字先凑整再相加。这些瓢虫可以分成4组，每一组有10个圆点，所以一共有40个圆点。

$10 + 10 + 10 + 10 = 40$

## 海马快跑

首先沿着斜线，将海马分成6组，每组6只，一共是36只。然后减去5只扇贝和海星，答案是31只海马。

$36 - 5 = 31$

## 花衣裳

因为花瓣是对称的而且可以平均分成4份，每份有4片花瓣，然后先加倍，可以得到一半的花瓣数量，再加倍一次，就可以得到所有花瓣的数量啦，所以一共是16片。

$4 + 4 + 8 = 16$

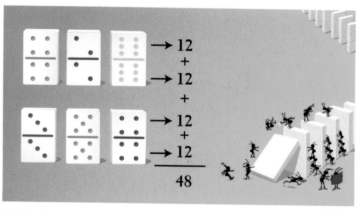

# 多米诺骨牌

不要把多米诺骨牌的点数逐个相加，先观察一下，你会发现每一行有 12 个圆点。一共有 4 行，所以是 48 个圆点。

$12 + 12 + 12 + 12 = 48$

# 牛顿的苹果

当计算一段连续的数字总和时，把第一个数字和最后一个数字相加，第二个数字和倒数第二个数字相加，以此类推，会得出相同的和。3 组苹果，每组 11 个，一共有 33 个苹果。

$11 + 11 + 11 = 33$

# 甜蜜的蜂巢

把第一行和第二行归为一组，第三行和第四行归为一组，以此类推。每一组有 11 个房间，一共 3 组，所以是 33 个房间。然后减去 6 个有蜜蜂的房间，所以空房间是 27 个。

$33 - 6 = 27$

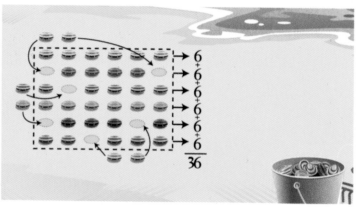

# 可恶的耙子

你可以移动 6 个蛤蜊至空白处，组成一个 6 行 6 列的正方形。所以一共有 36 个蛤蜊。

$6 + 6 + 6 + 6 + 6 + 6 = 36$

特别感谢吉恩·费维尔、利兹·斯扎布拉、

大卫·卡普兰、斯蒂芬妮·勒克、丹尼尔·纳拉哈拉

和杰弗里·惠勒。

# 黑版贸审字 08-2019-237 号

图书在版编目（CIP）数据

大自然中的数学 / (美) 格雷戈·唐 (Greg Tang)
著；(美) 哈利·布里格斯 (Harry Briggs) 绘；小杨
老师译. — 哈尔滨：哈尔滨出版社，2020.11
（创意数学：我的数学拓展思维训练书）
书名原文：MATH APPEAL
ISBN 978-7-5484-5077-1

Ⅰ.①大… Ⅱ.①格… ②哈… ③小… Ⅲ.①数学 -
儿童读物 Ⅳ.①O1-49

中国版本图书馆CIP数据核字(2020)第003845号

书　名：创意数学：我的数学拓展思维训练书. 大自然中的数学
CHUANGYI SHUXUE:WODE SHUXUE TUOZHAN SIWEI
XUNLIAN SHU.DA ZIRAN ZHONG DE SHUXUE

作　者：[美]格雷戈·唐 著　[美]哈利·布里格斯 绘　小杨老师 译
责任编辑：滕 达 尉晓敏　　　责任审校：李 战
特约编辑：李静怡 翟羽佳　　　美术设计：官 兰

出版发行：哈尔滨出版社（Harbin Publishing House）
社　　址：哈尔滨市松北区世坤路738号9号楼　　邮编：150028
经　　销：全国新华书店
印　　刷：深圳市彩美印刷有限公司
网　　址：www.hrbcbs.com　　www.mifengniao.com
E-mail：hrbcbs@yeah.net
编辑版权热线：（0451）87900271　87900272
销售热线：（0451）87900202　87900203

开　本：889mm×1194mm　1/16　印张：19　字数：64千字
版　次：2020年11月第1版
印　次：2020年11月第1次印刷
书　号：ISBN 978-7-5484-5077-1
定　价：158.00元（全8册）

凡购本社图书发现印装错误，请与本社印制部联系调换。
服务热线：（0451）87900278